Häufige Nester in Gärten und Parks

1 Die Rauchschwalbe baut nur innerhalb von Gebäuden ihr Nest. **2** Das dickwandige, kugelige Moosnest des Zaunkönigs. **3** Die Mönchsgrasmücke verflicht ihr flaches Nest mit der Trägerpflanze. **4** Der Kleiber mauert das Flugloch seiner Baumhöhle ganz eng mit Lehm zu. **5** Ein Buchfinkennest. **6** Ein Singdrosselnest. **7** Das umfangreiche, überdachte Nest der Elster hoch oben in Hecken und Einzelbäumen. **8** Saatkrähen brüten kolonieweise im Kronenbereich hoher Bäume.

Detlef Singer

Vögel in Park und Garten

KOSMOS

Zu diesem Buch

Gärten und Stadtparks bieten heutzutage vielen Tierarten Ersatzlebensraum für verlorengegangene Naturlandschaften und den Menschen Möglichkeiten zum Studium wildlebender Vögel. Gerade für Kinder stellt die Beobachtung der freilebenden Vogelwelt eine unschätzbare Möglichkeit dar, Verständnis für die Natur zu bekommen und als Erwachsene dem Natur- und Umweltschutz gegenüber aufgeschlossen zu sein. In diesen „Lebensräumen aus zweiter Hand" ist die Zahl an wildlebenden Vögeln natürlich begrenzt – den Auerhahn oder Steinadler wird man kaum in einem Stadtpark antreffen. Dennoch gibt es eine ganze Reihe von Vogelarten, die wenigstens zeitweise unsere Gärten und Parks aufsuchen und die wir mit etwas Glück und Geduld auch entdecken können.
Das vorliegende Buch behandelt alle Vogelarten, die regelmäßig und nicht nur ausnahmsweise in Gärten und Parks anzutreffen sind. Natürlich können in einem am Waldrand gelegenen Garten mit altem Baumbestand auch typische Waldarten wie Schwarzspecht oder Fichtenkreuzschnabel erscheinen, einen Park am Rande eines Feldes werden vielleicht Rebhuhn oder Feldlerche aufsuchen, aber dies ist nicht die Regel.
Um die Suche nach einem bestimmten Vogel zu erleichtern, sind die Landvogelarten in diesem Buch in drei Größengruppen eingeteilt, die sich an den Größen der bekannten Arten Haussperling und Amsel orientieren. Die am Wasser lebenden Vogelarten sind in einer eigenen Kategorie zusammengefaßt.

Vögel bestimmen
Bei der Bestimmung eines unbekannten Vogels sollten Sie auf einige Dinge besonders achten: Größe und Form der Flügel (im Flug oft sichtbar), Länge und Form des Schwanzes, Größe und Form des Schnabels und Länge der Beine, auffällige Gefiedermerkmale wie besondere Färbungen, Überaugenstreif, Schwanz- und Flügelbinde, aber auch auffällige Bewegungs- und Verhaltensweisen sowie die Lautäußerungen und die Struktur, in der sich der Vogel aufhält. In diesem Buch sind auf den Fotos fast überall die Männchen im Brutkleid abgebildet. Abweichende Merkmale bei Jungtieren und Weibchen werden unter dem Stichwort „Kennzeichen" beschrieben. Wer sich intensiver mit der Vogelkunde beschäftigen will, dem seien die Kosmos Naturführer „Der Kosmos Vo-

gelführer" und „Die Vögel Mitteleuropas" empfohlen. Gerade für das Studium der Vogelstimmen ist die Teilnahme an vogelkundlichen Wanderungen, die von vielen Volkshochschulen oder Naturschutzverbänden angeboten werden, recht nützlich.

Vögel in unserem Garten

Über die Möglichkeiten, einen vogelfreundlichen Garten einzurichten, informiert die Lebensraumzeichnung am Ende des Buches. Sicher verfügt nicht jeder über ein großes Grundstück, das er nach Herzenslust zu einem perfekten Naturgarten mit allen Finessen ausbauen kann, doch selbst ein kleiner Vorgarten läßt sich mit wenigen der dargestellten Maßnahmen vogelfreundlich gestalten. Es sind vorwiegend drei Dinge, die einen Garten zum Vogelparadies machen: Vorhandensein artgerechter Nahrung, geeignete Brutplätze und Deckung und Schutz vor Feinden.

Im Winter kann man den Vögeln durch verschiedene Fütterungsgeräte helfen, die auf Seite 96 dargestellt sind. Man sollte jedoch nur bei Frost und Schneelage füttern, denn bei Temperaturen deutlich über dem Gefrierpunkt können sich Krankheitserreger stark vermehren und zu regelrechten Epidemien unter den Wintergästen führen. Um dem vorzubeugen, ist auch regelmäßige Reinigung der Futtergeräte unbedingt nötig. Spätestens Ende März sollte man die Futtergeräte abnehmen und gründlich reinigen, denn dann sollen sich die Vögel wieder auf ihre natürliche Ernährungweise konzentrieren. Einige der abgebildeten Fütterungsgeräte sind als Behälter für eine Fettfuttermasse gedacht, die man leicht selbst herstellen kann: Man nimmt Rindertalg und Weizenkleie zu gleichen Teilen, erwärmt den Talg und rührt die Kleie hinein. Ein Eßlöffel Salatöl verhindert das Hartwerden der Masse bei Frost. Die Mischung kann mit Hanf- und Sonnenblumensamen angereichert werden. Vor dem Erkalten füllt man die Masse in das Futtergerät. Neben dem handelsüblichen Winterfutter für Körnerfresser und dem selbst bereiteten Fettfutter kann man zusätzlich getrocknete Beeren von Holunder, Liguster, Eberesche oder Mehlbeere sowie Apfelstükke reichen, die von den Weichfressern gerne genommen werden.

Doch mit vogelfreundlichem Garten und Winterfütterung erreicht man die wirklich bedrohten Vogelarten kaum, denn sie kommen nur ausnahmsweise in Gärten und Parks und sind vor allem durch die Zerstörung ihrer Lebensräume gefährdet. Um ihnen zu helfen, sollten sich möglichst viele Vogelfreunde in Naturschutzvereinigungen für die bedrohte Natur einsetzen.

Rauchschwalbe

Hirundo rustica

Typisch: Unsere häufigste Schwalbe; nistet stets im Inneren von Gebäuden.
Kennzeichen: L 19 cm. Sehr lange Schwanzspieße; Stirn und Kehle rotbraun. Gesang wohlklingend, anhaltend zwitschernd und schwätzend, meist mit schnurrendem Endlaut. Ruft hell „witt witt", bei Gefahr durchdringend „ziwitt".
Vorkommen: Kulturfolger in ländlichen Gegenden; jagt über offenem Gelände und Gewässern. Sommervogel. Apr.–Okt.
Wissenswertes: Die Rauchschwalbe, in vielen Ländern ein populärer Glücksbringer, baut ihr Nest vorwiegend in Scheunen und Ställen. Das Material für das unordentliche Napfnest, feuchter Lehm und Halme, sammelt sie an Lehmpfützen.

Mehlschwalbe

Delichon urbica

Typisch: Einzige schwarz-weiße Schwalbe bei uns, auffälliger, weißer Bürzel, schwach gegabelter Schwanz. Nistet kolonieweise außen an Gebäuden.
Kennzeichen: L 13 cm. Flug mehr flatternd als bei der Rauchschwalbe. Ruft häufig „prrt“ oder „trrtrr“.
Vorkommen: Kulturfolger in Dörfern und Siedlungen, seltener jedoch in Städten. Sommervogel. Apr.–Okt.
Wissenswertes: Holt wie die Rauchschwalbe feuchten Lehm für das Nest; dieses ist jedoch „ordentlich“ gebaut und bis auf das kleine Einflugloch geschlossen. Mehlschwalben nehmen gerne künstliche Schwalbennester an, die unter überhängenden Dächern befestigt werden. Jagen Insekten in größerer Höhe als Rauchschwalben.

Zaunkönig

Troglodytes troglodytes

Typisch: Winziger brauner Vogel mit kurzem, bei Erregung ständig steil aufgerichtetem Schwanz. Huscht wie eine Maus durchs Bodengestrüpp. Sehr lauter, schmetternder Gesang.
Kennzeichen: L 9,5 cm. Singt fast das ganze Jahr über auf niedrigen Warten. Ruft bei Beunruhigung „teck teck teck“ oder „tetetet“.
Vorkommen: In Wäldern, unterholzreichen Parks, Friedhöfen und naturnahen Gärten mit dichtem Gebüsch. Jahresvogel. Jan.–Dez.
Wissenswertes: Das Männchen baut im Frühjahr mehrere halbfertige Nester, von denen das Weibchen eines auswählt und für das Gelege auspolstert. Zaunkönige suchen gerne an Bach- und Flußufern nach Insekten und Spinnen.

Heckenbraunelle

Prunella modularis

Typisch: Unauffällig und sperlingsähnlich. Gesang kontinuierlich und eilig zwitschernd, erinnert an eine ungeölte Tür.
Kennzeichen: L 14,5 cm. Schnabel schlank. Ruft zur Zugzeit im Herbst gedehnt „zihdit" oder „zizizi".
Vorkommen: Häufig in Gärten, Parks und Friedhöfen mit dichtem Unterwuchs. Teilzieher. Jan.–Dez.
Wissenswertes: Die Heckenbraunelle kommt kaum aus der Deckung hervor, außer im Frühjahr, wo man das Männchen häufig auf einer Fichtenspitze singen sieht. Wegen ihrer Ähnlichkeit mit dem Haussperling wird sie auch „Eisensperling" genannt. Die Heckenbraunelle ernährt sich von Insekten, Spinnen und feinen Samen; im Winter besucht sie manchmal Futterplätze.

Hausrotschwanz

Phoenicurus ochruros

Typisch: Knickst und zittert ständig mit dem rostroten Schwanz.

Kennzeichen: L 14 cm. Männchen (Foto) rußschwarz mit hellem Flügelfeld. Weibchen graubraun. Gesang sehr typisch: Eine zweiteilige Strophe, die mit einigen melodischen Tönen beginnt und mit kratzenden, gepreßten Lauten ausklingt. Singt oft auf Antennen oder anderen hohen Warten.

Vorkommen: Häufiger Brutvogel in Dörfern und Städten, ursprünglich in der Felsregion der Gebirge. Teilzieher. März–Okt.

Wissenswertes: Der Hausrotschwanz nistet in Mauerlöchern, unter Dachvorsprüngen oder auf Balken. Mit Halbhöhlen-Nistkästen ist er recht leicht in den Garten zu locken.

Gartenrotschwanz

Phoenicurus phoenicurus

Typisch: Zittert fast ständig mit dem Schwanz. Männchen auffällig bunt.
Kennzeichen: L 14 cm. Männchen kaum zu verwechseln. Weibchen unscheinbar, heller als Hausrotschwanz-Weibchen. Gesang aus melodisch flötenden und rauhen Tönen, dazwischen viele Imitationen anderer Vogelarten. Ansitzjäger, der von den unteren Zweigen der Bäume aus Insekten fängt.
Vorkommen: Waldvogel, häufig in Gärten, Parks und Friedhöfen. Sommervogel. April–Okt.
Wissenswertes: Der Gartenrotschwanz, früher ein reiner Waldvogel, hat sich gut an die Garten- und Parklandschaft angepaßt. Dieser Höhlenbrüter profitiert von den für Meisen aufgehängten Nistkästen.

Rotkehlchen

Erithacus rubecula

Typisch: Die orangerote Vorderseite und die großen dunklen Augen. Wenig scheu.
Kennzeichen: L 14 cm. Wirkt häufig rundlich. Gesang eine lange Folge von schwermütigen, perlenden Strophen, die jeweils mit hohen Tönen beginnen und gegen Ende hin „ersterben".
Vorkommen: Waldvogel, auch in allen Arten von Gärten und Parks mit dichtem Unterholz; besonders häufig in Friedhöfen. Teilzieher. Jan.–Dez.
Wissenswertes: Zur Brutzeit sind Rotkehlchen trotz ihres sanften Äußeren sehr aggressiv gegenüber Artgenossen. Bereits ein rotes Federbüschel kann als Rivale angesehen und heftig bekämpft werden. Sie besuchen im Winter regelmäßig Futterhäuser.

Gelbspötter

Hippolais icterina

Typisch: Der sprudelnde, wohlklingende bis rauhe Gesang mit vielen Imitationen anderer Vogelstimmen.
Kennzeichen: L 13,5 cm. Rohrsängerartige Gestalt, langer, orangefarbener Schnabel. Gesang sehr abwechslungsreich, mit Rufen und Gesangsteilen von Amsel, Wacholderdrossel, Haus- und Feldsperling, Blaumeise, Buchfink. Jede Strophe wird wiederholt. Ruft „tetedwi".
Vorkommen: Brütet in naturnahen Gärten, Friedhöfen und Parkanlagen mit Laubbäumen. Sommervogel. Mai–Aug.
Wissenswertes: Den meist in Baumkronen versteckt singenden Gelbspötter bekommt man nur selten zu Gesicht. Der Name „Spötter" bezieht sich auf sein Nachahmungstalent.

Klappergrasmücke

Sylvia curruca

Typisch: Der Gesang, ein weithin hörbares Klappern.
Kennzeichen: L 13,5 cm. Kleinste heimische Grasmükke; lebt sehr versteckt in Büschen und Bäumen. Scharf abgesetzte weiße Kehle, hellgrauer Bauch.
Vorkommen: Bewohner lichter Waldlandschaften mit dichtem Unterwuchs; Gärten und Parkanlagen. Im Gebirge bis zur Latschenregion. Das Napfnest wird in niedriger Vegetation angelegt. Sommervogel. April–Okt.
Wissenswertes: Ihr klappernder Reviergesang verhalf dieser Grasmücke zu ihrem deutschen Namen, auch der volkstümliche Name „Müllerchen" hängt damit zusammen. Da sie häufig in Gärten und Parks auftritt, nennt man sie vielerorts auch „Zaungrasmücke".

Dorngrasmücke

Sylvia communis

Typisch: Der eilig zwitschernde, etwas kratzig klingende Gesang, der meist von der Spitze eines Busches vorgetragen wird.
Kennzeichen: L 14 cm. Ähnlich wie Klappergrasmücke, aber Flügeldecken rostfarben, Schwanz länger. Sehr lebhaft. Unternimmt häufig kurze Singflüge.
Vorkommen: Brütet in Hekken und Rainen mit Dornbüschen, häufig an Bahndämmen, auch in naturnahen Gärten und Parks mit Dornbüschen. Sommervogel. April–Sept.
Wissenswertes: Früher war die Dorngrasmücke in der Feldflur und in offenen Parks eine ganz alltägliche Erscheinung. Leider sind die Bestände durch den Schwund von Hecken und Rainen stark zurückgegangen.

Mönchsgrasmücke

Sylvia atricapilla

Typisch: In Gärten und Parks die häufigste Grasmücke. Zweiteiliger Gesang aus einem murmelnden und schwätzenden Vorgesang und dem plötzlich einsetzenden, laut und klar flötenden „Überschlag", der große Intervallsprünge enthält. Männchen und Weibchen sehen unterschiedlich aus.
Kennzeichen: L 14 cm. Oberseite graubraun, Unterseite etwas heller gefärbt. Männchen mit schwarzer, Weibchen (Foto S. 17) mit rostbrauner, junge Männchen im Herbst mit dunkel rotbrauner Kopfkappe. Ruft bei Erregung hart „tack tack tack" oder „tseck tseck tseck".
Vorkommen: Früher ein reiner Waldvogel; brütet in lichten Laub- und Nadelwäldern, häufig auch in Gärten, Parks und Friedhöfen mit dichten

Büschen und Gestrüpp. Sommervogel. Apr. – Okt.
Wissenswertes: Alle einheimischen Grasmücken bauen lockere, flache Nester, die teilweise sogar durchscheinen. Als einzige Grasmücke verflicht die Mönchsgrasmükke ihr zierliches Nest aus Stengeln, Gras und Würzelchen so mit den Trägerpflanzen, daß man es nicht leicht herausnehmen kann.
Einst war die Mönchsgrasmücke aufgrund ihres vollen, wohltönenden Gesangs ein beliebter Käfigvogel. Die Vogelliebhaber wetteiferten miteinander, welcher den „Mönch“ mit dem schönsten Gesang besaß. Die Männchen mit nur eintönigen „Leierstrophen“ aus ständig wiederholten „dia“-Motiven waren verständlicherweise wenig beliebt, während Vögel mit doppeltem Überschlag („Doppelschläger“) höchste Preise erzielten. Aufgrund der schwarzen Kopfkappe des Männchens heißen Mönchsgrasmücken in Süddeutschland auch „Schwarzplättchen“.

Gartengrasmücke

Sylvia borin

Typisch: Ein versteckt lebender Vogel, der nur durch seinen langanhaltenden Gesang auffällt.
Kennzeichen: L 14 cm. Gefieder unscheinbar graubräunlich, ohne besondere Merkmale. Kopf rundlich, Schwanz recht kurz. Alarmrufe taktmäßig „wät wät...".
Vorkommen: Unterholzreiche Laub- und Mischwälder; dichtes, hohes Gebüsch. In gebüschreichen Parks und naturnahen Gärten. Sommervogel. Mai–Sept.
Wissenswertes: Der Gesang der Gartengrasmücke erinnert mit seinem orgelnden Klang an Amselstrophen. Trotz ihres Namens ist diese Grasmücke viel weniger Gartenvogel als die Mönchsgrasmücke. Sie brütet niedrig im Gebüsch und ist ein häufiger Kuckuckswirt.

Waldlaubsänger

Phylloscopus sibilatrix

Typisch: Vorwiegend in Buchenbeständen. Schwirrender Gesang.
Kennzeichen: L 13 cm. Kehle und Brust schwefelgelb, gelber Überaugenstreif.
Vorkommen: Typischer Vogel des unterwuchsarmen Laubwaldes; auch in größeren Gärten, in Parks und Friedhöfen mit wenigstens kleinem Buchenbestand. Sommervogel. Apr.–Sept.

Wissenswertes: Der Waldlaubsänger hält sich meist im unteren Kronenbereich von Buchen auf, deren waagrechte Äste ihm als Singwarten dienen. Die typische Schwirrstrophe beginnt meist mit einer Reihe von „sip"-Lauten. Daneben hört man auch melancholisch-pfeifende „düh"-Folgen. Der Waldlaubsänger wird auch „Waldschwirrvogel" genannt.

Zilpzalp

Phylloscopus collybita

Typisch: Der monotone Gesang, der mit „zilp zalp" umschrieben wird.
Kennzeichen: L 11 cm. Unscheinbarer olivbrauner Kleinvogel mit dunklen Beinen, der auf der Nahrungssuche rastlos durch das Gezweig huscht. Ruft einsilbig „hüid".
Vorkommen: Ein Vogel unterholzreicher Wälder, häufig in Gärten, Parks und Friedhöfen mit dichtem Gebüsch und mittelhohen Laubbäumen. Sommervogel. März–Nov.
Wissenswertes: Der Zilpzalp wird häufig auch „Weidenlaubsänger" genannt, weil er gerne in Weiden singt. Als Kurzstreckenzieher, der meist im Mittelmeerraum überwintert, kehrt der Zilpzalp bereits im März in seine mitteleuropäischen Brutgebiete zurück.

Fitis

Phylloscopus trochilus

Typisch: Der weiche, schwermütige Gesang.
Kennzeichen: L 11 cm. Zwillingsart des Zilpzalps; Gefieder etwas gelblicher, Beine heller, jedoch oft nur anhand der Stimme sicher zu unterscheiden. Ruft deutlich zweisilbig „hü-id“. Wirkt bei der Nahrungssuche weniger rastlos als der Zilpzalp.
Vorkommen: Häufig in Gärten, Parks und Friedhöfen mit dichtem Gebüsch. Sommervogel. April–Okt.
Wissenswertes: Der schwermütige, flötende Gesang des Fitis erinnert im Aufbau an den Buchfinkenschlag, klingt jedoch viel weicher. Er wird häufig von exponierten Warten vorgetragen. Der lateinische Gattungsname *„Phylloscopus“* bedeutet „Blattspäher“ und spielt auf die Art der Nahrungssuche an.

Wintergoldhähnchen

Regulus regulus

Typisch: Neben Sommergoldhähnchen kleinster Vogel Europas. Nur im Nadelwald.
Kennzeichen: L 9 cm. Breiter, leuchtend gelber Scheitelstreif (Krönchen), der beim Männchen auch einige orangefarbene Federn enthält. Gesang aus kurzen und dünnen, auf- und abschwingenden Strophen mit deutlichem Schlußteil.
Vorkommen: Waldvogel, auch in größeren Gärten und Parks mit Nadelbäumen. Jahresvogel. Jan.–Dez.
Wissenswertes: Goldhähnchen sind gesellige Vögel, die rastlos im Gezweig turnen, ständig auf der Suche nach winzigen Insekten oder Spinnen. Außerhalb der Brutzeit schließen sich Wintergoldhähnchen oft mit Meisen und Baumläufern zu kleinen Trupps zusammen.

Sommergoldhähnchen

Regulus ignicapillus

Typisch: Lebhafter gefärbt als Wintergoldhähnchen. Hoher, dünner Gesang ohne betonten Schlußteil.
Kennzeichen: L 9 cm. Schwarzer Augenstreif und weißlicher Überaugenstreif; Scheitel beim Männchen orangerot, beim Weibchen gelb. Ruft scharf „sisisi", Gesang auf einer Tonhöhe, aber anschwellend.
Vorkommen: Weniger Nadelwaldvogel als Wintergoldhähnchen; auch in Friedhöfen, Parks und Gärten mit wenigen Nadelbäumen. Sommervogel. März–Nov.
Wissenswertes: Das Sommergoldhähnchen sucht im Gegensatz zur Zwillingsart mehr auf der Oberseite von Zweigen Nahrung und rüttelt auch vor Zweigspitzen. Beide Goldhähnchenarten bauen kunstvolle Nester.

Halsbandschnäpper

Ficedula albicollis

Typisch: Männchen mit auffälligem weißem Halsband. **Kennzeichen:** L 13 cm. Männchen kontrastreich schwarz-weiß gezeichnet, Weibchen graubraun mit nur angedeutetem Halsring. Jagt von einer Warte aus fliegende Insekten, meist im Kronenbereich eines Laubbaumes. Ruft hoch und gedehnt „sieb", auch hart „tek". **Vorkommen:** Laubwälder; auch in Parks, Friedhöfen oder Gärten mit altem Laubbaumbestand. Fehlt im Norden Deutschlands. Sommervogel. April–Sept. **Wissenswertes:** Viel seltener als der Trauerschnäpper; brütet wie dieser in Baumhöhlen und Nistkästen, die an alten Laubbäumen hängen. Ein Männchen kann mit mehr als einem Weibchen verpaart sein.

Trauerschnäpper

Ficedula hypoleuca

Typisch: Zuckt häufig mit Flügeln und Schwanz.
Kennzeichen: L 13 cm. Männchen im Norden des Brutgebietes und in den Alpen schwarz-weiß (Foto), im übrigen Mitteleuropa graubraun-weißlich gefärbt. Weibchen sehr ähnlich dem Halsbandschnäpper-Weibchen. Jagt fliegende Insekten vom Ansitz aus. Gesang auf- und absteigend „wu-ti-wu-ti"; ruft scharf „bit", auch hart „tk".
Vorkommen: Waldvogel, der häufig auch in Parks und Gärten mit Baumbestand und ausreichendem Höhlenangebot brütet. Sommervogel. April–Sept.
Wissenswertes: Die Dichte der Trauerschnäpper wird durch die Brutmöglichkeiten begrenzt. Durch Aufhängen von Nistkästen kann dieser Art enorm geholfen werden.

Grauschnäpper

Muscicapa striata

Typisch: Unscheinbar graubrauner Vogel, der aufrecht auf einer Warte sitzt und vorbeifliegende Insekten fängt.
Kennzeichen: L 14 cm. Wirkt schlank und elegant, Augen groß und dunkel. Kehrt nach dem Jagdflug meist zur gleichen Warte zurück; zuckt nach dem Landen mit Flügeln und Schwanz. Gesang sehr unauffällig. Ruft „tk", „zek" oder „zi-tk-tk".

Vorkommen: Häufig in Gärten, Parks und Friedhöfen mit älterem Baumbestand. Sommervogel. April–Sept.
Wissenswertes: Der Grauschnäpper brütet häufig in unmittelbarer Nähe des Menschen: unter Dachvorsprüngen, in Mauerlöchern, in Spalieren oder sogar auf dem Balkon. Nimmt Halbhöhlen-Nistkästen an, wenn an geschützter Stelle angebracht.

Schwanzmeise

Aegithalos caudatus

Typisch: Der auffällig lange, stufige Schwanz.
Kennzeichen: L 14 cm, Schwanz allein 8 cm! Nördliche und östliche Rasse mit reinweißem Kopf, mitteleuropäische Rasse mit breitem, schwarzem Überaugenstreif. Turnt rastlos im Gezweig. Sehr gesellig, außerhalb der Brutzeit in kleinen Trupps, die ständig „sisisi" oder „tsrp" rufen.

Vorkommen: Waldvogel, vielfach in Parks, Friedhöfen und Gärten mit Baumbestand, besonders am Wasser. Teilzieher. Jan.–Dez.
Wissenswertes: Schwanzmeisen bauen ein sehr kunstvolles eiförmiges Nest mit seitlichem Eingang. Der Volksmund gab ihnen wegen des langen Schwanzes Namen wie Pfannenstielchen, Löffel- oder Stangenmeise.

Sumpfmeise

Parus palustris

Typisch: Graubraune Meise mit glänzender schwarzer Kopfplatte („Nonnenmeise“).
Kennzeichen: L 11,5 cm. In der Gefiederfärbung nur schwer von ihrer Zwillingsart, der Weidenmeise, zu unterscheiden. Ruft laut „pistjadädädä“. Gesang einförmig und klappernd „zjezje“ oder „tjitjitji“.
Vorkommen: Häufig in Parks und Gärten mit Laubbäumen. Brütet in Baumhöhlungen, nimmt auch Nistkästen an. Jahresvogel. Jan.–Dez.
Wissenswertes: Die Sumpfmeise ernährt sich von kleinen Insekten und Spinnen, im Herbst nimmt sie vermehrt Samen von verschiedenen Stauden und Kräutern. Sie besucht paarweise Vogelfütterungen und transportiert jeweils mehrere Körner auf einmal im Schnabel.

Haubenmeise

Parus cristatus

Typisch: Die schwarz-weiß geschuppte Federhaube.
Kennzeichen: L 11,5 cm. Oberseite bräunlich, Kopf schwarz-weiß gezeichnet. Eine scheue Meise, die zur Nahrungssuche oft hoch in Baumwipfeln herumturnt. Ruft bei Erregung häufig schnurrend „zi-zi-gürrr".
Kennzeichen: Nadelwaldvogel, auch in Parks mit wenigstens Nadelwaldinseln; seltener in Gärten. Jahresvogel. Jan.–Dez.
Wissenswertes: Die Haubenmeise zimmert sich ihre Nisthöhle in morschem Holz selber zurecht, somit ist sie weniger auf Nisthilfen angewiesen. Sie ernährt sich von kleinen Insekten und Spinnen, aber auch von Baumsamen. Am Futterplatz erscheint sie paarweise, jedoch nur, wenn dieser in Nadelwaldnähe ist.

Tannenmeise

Parus ater

Typisch: Kleinste Meise Europas. Wenig scheu.
Kennzeichen: L 11 cm. Länglicher weißer Nackenfleck, weiße Wangen. Turnt zur Nahrungssuche rastlos und flink durchs Gezweig, häufig hoch in Fichten. Singt das ganze Jahr über hell „wizewizewize"; ruft hoch und dünn „sisisi".
Vorkommen: Nadelwaldvogel, häufig in Parks und Gärten mit Nadelbäumen. Jahresvogel. Jan.–Dez.
Wissenswertes: Tannenmeisen ernähren sich von kleinen Insekten und Spinnen, im Winter auch von Baumsamen. Außerhalb der Brutzeit trifft man sie häufig in gemischten Trupps mit anderen Meisen und Goldhähnchen. Sie besuchen häufig Fütterungen für Kleinvögel in Nadelwaldnähe.

Blaumeise

Parus caeruleus

Typisch: Mit ihrem blau-gelben Gefieder kaum zu verwechseln. Wenig scheu.
Kennzeichen: L 11,5 cm. Kleine lebhafte Meise, die bei der Nahrungssuche geschickt an dünnen Zweigen turnt, auch mit dem Bauch nach oben. Singt sehr hell „zih-zih-tütütü“, ruft bei Erregung „zerrretetet“.
Vorkommen: Häufiger Kleinvogel in Gärten, Parks und Friedhöfen. Jahresvogel. Jan.–Dez.
Wissenswertes: Die Blaumeise brütet in großer Zahl in Nistkästen, die in Gärten und Parks hängen. Um die Konkurrenz mit der kräftigeren Kohlmeise zu vermeiden, bezieht sie vor allem Kästen mit engem Flugloch. Besucht häufig Fütterungen; kommt in manchen Parks und Friedhöfen sogar auf die Hand.

Kohlmeise

Parus major

Typisch: Größte und weitaus häufigste Meise.
Kennzeichen: L 14 cm. Schwarz-weißes Kopfmuster, gelbe Unterseite mit breitem (Männchen) oder schmalem (Weibchen) schwarzem Längsstreif. Reviergesang ist das typische „Läuten" („zizibe zizibe"). Ruft wie Buchfink „pink" oder, bei Erregung, „tscher-r-r-r".
Vorkommen: Überall sehr häufig in Gärten, Parks und Friedhöfen. Jahresvogel. Jan.–Dez.
Wissenswertes: Die Kohlmeise ist robust und wenig anspruchsvoll, ihre Nahrung sucht sie auch an Stämmen und am Boden. Sie ist häufiger Gast an Vogelfütterungen und brütet in großer Zahl in Nistkästen, aber auch in Briefkästen und sogar in Eisenröhren.

Kleiber

Sitta europaea

Typisch: Gedrungen und kurzschwänzig, kräftiger, spechtartiger Schnabel.
Kennzeichen: L 14 cm. Oberseite blaugrau, Flanken beim Männchen kastanienbraun, beim Weibchen hellbraun. Klettert unermüdlich an Baumstämmen und Ästen, auch abwärts mit dem Kopf nach unten. Ruft häufig „tuit tuit tuit“.
Vorkommen: Häufig in Parks, Friedhöfen und Gärten mit alten Bäumen. Jahresvogel. Jan. Dez.
Wissenswertes: Der Kleiber klemmt oft Nüsse in Rindenspalten ein und hackt sie dann wie ein Specht auf („Spechtmeise“). Der Name „Kleiber“ kommt von Kleben – der Vogel mörtelt den Eingang der Bruthöhle oder des Nistkastens bis auf ein kleines Schlupfloch zu.

Waldbaumläufer

Certhia familiaris

Typisch: Rindenfarbener Vogel, der ruckartig am Stamm emporklettert.
Kennzeichen: L 12,5 cm. Schnabel etwas kürzer als beim Gartenbaumläufer, Unterseite reinweiß; oft nur anhand der Stimme zu erkennen. Gesang eine abfallende Folge von zwei Trillern. Ruft hoch und etwas vibrierend „srii".
Vorkommen: Nadelwaldvogel, auch in Parks und Friedhöfen mit Nadelbaumbestand. Jahresvogel. Jan.–Dez.
Wissenswertes: Baumläufer stützen sich beim Klettern an Bäumen wie Spechte mit dem Schwanz ab. Mit dem feinen Schnabel stochern sie in der Rinde nach Insekten und Spinnen. Sie brüten auch in speziellen Baumläufer-Nistkästen mit seitlichem Einschlupfloch.

Gartenbaumläufer

Certhia brachydactyla

Typisch: Gesang eine kurze, ansteigende Strophe.
Kennzeichen: Zwillingsart des Waldbaumläufers, oft nur an der Stimme sicher von diesem zu unterscheiden. Schnabel etwas länger, Flanken bräunlich. Ruft laut und hoch „tüt" oder gereiht „tüt tüt tüt".
Vorkommen: Häufig in Parks, Friedhöfen und Gärten mit alten Laubbäumen; auch in Streuobstgebieten. Jahresvogel. Jan.–Dez.
Wissenswertes: Bei der Nahrungssuche klettern Gartenbaumläufer in kleinen Sprüngen an Baumstämmen hoch; oben angekommen fliegen sie zum Fuß des nächsten Baumes. Sie sind nicht sehr gesellig, bilden aber wie Waldbaumläufer im Winter Schlafgemeinschaften an witterungsgeschützten Plätzen.

Haussperling

Passer domesticus

Typisch: Die tschilpenden Rufe. Kommt kaum außerhalb des Siedlungsbereiches vor.
Kennzeichen: L 15 cm. Einer der bekanntesten und vielfach häufigsten Vögel. Männchen (Foto) kontrastreich gefärbt, Weibchen und Jungvögel unscheinbar graubraun. Sehr gesellig, oft in lärmenden Trupps.
Vorkommen: Häufiger Brutvogel in Dörfern und Städten, oft in Gärten und Parks mit günstigem Deckungs- und Nahrungsangebot. Jahresvogel. Jan.–Dez.
Wissenswertes: Der anpassungsfähige „Spatz“ ist ein typischer Kulturfolger, der in der modernen Stadtlandschaft jedoch seltener wird, denn wegen der sterilen Ordnung fehlt es hier sowohl an Nist- als auch an Nahrungsmöglichkeiten.

Feldsperling

Passer montanus

Typisch: Die schokoladebraune Kopfkappe. Weniger an Siedlungen gebunden.
Kennzeichen: L 14 cm. Schwarzer Ohrfleck. Männchen und Weibchen gleich gefärbt. Sehr gesellig, aber nicht in lärmenden Trupps wie Haussperling. Tschilpt ähnlich wie Haussperling, aber kürzer und härter; ruft hart „tek".
Vorkommen: Häufig in Gärten an Stadt- und Dorfrändern, in Obstgärten und Parks. Teilzieher. Jan.–Dez.
Wissenswertes: Der Feldsperling ist häufiger Brutvogel der Kulturlandschaft mit Hekken und anderen dichten Gehölzen. Er ist ein Höhlenbrüter, der auch Meisennistkästen bezieht. Im Winter besucht er vielfach Kleinvogel-Fütterungen am Ortsrand, ist aber recht zurückhaltend.

Buchfink

Fringilla coelebs

Typisch: Die leuchtend weißen Flügelabzeichen im Flug. Häufigster Fink.
Kennzeichen: L 15 cm. Männchen im Brutkleid (Foto oben) recht bunt mit leuchtend blaugrauem Kopf, der im Ruhekleid bräunlichgrau wird; Unterseite und Rücken rötlichbraun, Bürzel grünlich. Weibchen (Foto S. 39) oberseits olivbraun, unterseits graubraun. Nahrungssuche meist am Boden, trippelt dabei mit ruckartigen Kopfbewegungen. Ruft bei Gefahr „pink pink", bei Erregung wiederholt „füid" oder „wrrüt" (Regenruf).
Vorkommen: Brütet fast überall dort, wo es Bäume gibt; einer der häufigsten Garten- und Parkvögel. Teilzieher, bei uns überwintern fast nur Männchen. Jan.–Dez.
Wissenswertes: Die schmet-

ternde Gesangsstrophe des Buchfinken – der typische, zum Ende abfallende „Finkenschlag" – wird im Volksmund auch mit „was bin ich für ein schöner Bräutigam" übersetzt. Früher waren Buchfinken beliebte Käfigvögel, deren Besitzer die Männchen gegeneinander antreten ließen, um den besten Sänger zu ermitteln. Rufe und Gesänge unterscheiden sich regional (Dialekte). Der Buchfink frißt Sämereien, Knospen, Beeren und Insekten. Sein wissenschaftlicher Artname *„coelebs"* bedeutet ehelos; dies bezieht sich darauf, daß im Winter fast nur Männchen zu sehen sind, denn die Weibchen ziehen in der Regel bereits im Spätherbst fort. Die „ehelosen" Männchen erscheinen im Winter häufig an Fütterungen. Hier fallen sie dadurch auf, daß sie sehr scheu sind und sich leicht von anderen Vögeln vertreiben lassen. Meist sieht man sie unterhalb des Futterplatzes die heruntergefallenen Körner aufpicken.

Bergfink

Fringilla montifringilla

Typisch: Die quäkenden „dschä"- und „jäk"-Rufe. Erscheint bei uns nur als Durchzügler und Wintergast.
Kennzeichen: L 15 cm. Beim Auffliegen weißer Bürzel deutlich sichtbar. Kopf und Rücken beim Männchen im Ruhekleid (Foto oben) bräunlich-schwarz geschuppt, wird im Frühjahr durch Abnutzung der hellen Säume allmählich reinschwarz (Brutkleid). Weibchen (Foto S. 41) blasser, mit grauen Wangen und braun gemustertem Rükken.
Vorkommen: Ab Oktober oft in großen Schwärmen, häufig in Gärten und Parks mit Buchen und anderen hohen Bäumen. Wintergast und Durchzügler. Okt.–April.
Wissenswertes: Der Bergfink ist häufiger Brutvogel der nordischen Wälder. Fast jeden

Herbst fallen in Mitteleuropa große Schwärme der geselligen Vögel ein und suchen vor allem in Buchenwäldern nach Nahrung. Um an die begehrten, unter dem Schnee versteckten Bucheckern zu gelangen, wenden sie einen Trick an, der jedoch nur bei Pulverschnee gelingt: Mit halbgeöffneten Flügeln flattern sie wie beim Baden im Schnee und legen so ein kleines Stück des Waldbodens frei. In sogenannten Invasionsjahren, wenn besonders viele dieser Finken erscheinen, kann es gelegentlich zu Behinderungen des Straßenverkehrs kommen, wenn die Vögel zu Tausenden auf den Landstraßen sitzen. Bergfinken fressen neben Bucheckern auch grobe Samen wie Sonnenblumenkerne. In den Parks und Gärten schließen sie sich häufig mit Buchfinken zusammen und suchen dann in Trupps die Vogel-Fütterungen auf. Dort sind sie vor allem im Frühjahr zu beobachten, wenn sie sich bereits auf dem Heimzug in ihre Brutgebiete befinden.

Girlitz

Serinus serinus

Typisch: Der Gesang, ein hohes klirrendes Zwitschern ohne Strophengliederung. Kleinster heimischer Fink.
Kennzeichen: L 11,5 cm. Männchen überwiegend gelb mit brauner Streifung an Rücken und Flanken; Weibchen mehr graugrün, deutlich stärker gestreift.
Vorkommen: Brütet gebietsweise recht häufig in Gärten, Parks und Friedhöfen. Sommervogel. März–Okt.
Wissenswertes: Der Girlitz, ein naher Verwandter des Kanarienvogels, ist erst im vorigen Jahrhundert bei uns eingewandert. Er sucht seine Nahrung – feine Sämereien, grüne Pflanzenteile und Insekten – meist am Boden. Seinen Gesang trägt er häufig von einer Baumspitze oder im fledermausartigen Singflug vor.

Grünling (Grünfink)

Carduelis chloris

Typisch: Sperlingsgroßer, gelbgrüner Fink mit kräftigem Schnabel und sattgelben Flügelabzeichen.
Kennzeichen: L 14,5 cm. Weibchen graugrün; Flügelabzeichen unauffälliger. Ruft häufig „gügügü", bei Störung gedehnt „dschuii", Gesang kanarienartig klingelnd und trillernd.
Vorkommen: Ein häufiger Vogel in Gärten und Parks, auch mitten in Städten. Teilzieher. Jan.–Dez.
Wissenswertes: Grünlinge suchen ihre Nahrung – Samen, Knospen, Blüten, Insekten – meist am Boden. Als Kulturfolger nisten die geselligen Vögel oft in Gartenhecken oder in Blumenkästen auf dem Balkon. Am Futterplatz verhalten sie sich streitlustig und verjagen oft andere Vögel.

Stieglitz (Distelfink)

Carduelis carduelis

Typisch: Ungewöhnlich bunter Kleinvogel mit auffälliger gelber Flügelbinde.
Kennzeichen: L 12 cm. Kaum mit anderer Vogelart zu verwechseln. Ruft ständig seinen Namen „stiglit". Gesang wohlklingend aus eilig zwitschernden und trillernden Motiven; singt meist hoch in Bäumen.
Vorkommen: Brütet in Gärten mit hohen Laubbäumen, in Parks und Obstgärten. Teilzieher. Jan.–Dez.
Wissenswertes: Seinen Zweitnamen „Distelfink" hat der Stieglitz von seiner Vorliebe für die eiweißreichen Distelsamen. Häufig sieht man die Vögel truppweise auf Brachflächen nach Nahrung suchen. Früher wurde dieser hübsche Fink bei uns in großer Zahl als Käfigvogel gehalten.

Erlenzeisig (Zeisig)

Carduelis spinus

Typisch: Die wehmütigen Flugrufe und fröhlich klingenden Gesangsstrophen.
Kennzeichen: L 12 cm. Überwiegend grünlich-gelb gefärbt, nur Männchen mit schwarzer Kopfkappe; Weibchen stärker gestrichelt. Gesellige Vögel, die bei der Nahrungssuche wie Meisen geschickt in den Zweigen turnen und auch an dünnen Zweigen hangeln. Flugruf „tüli" oder „diäh", Gesang eilig zwitschernd.
Vorkommen: Brütet vor allem in Nadelwäldern. Im Winter häufig in Gärten mit Baumbestand und in Parks. Teilzieher. Jan.–Dez.
Wissenswertes: Erlenzeisige ernähren sich von Baumsamen, vor allem der Fichte, Kiefer, Erle und Birke. Sie kommen vor allem im Frühjahr an Futterhäuschen.

Hänfling (Bluthänfling)

Acanthis cannabina

Typisch: Stirn und Brust beim Männchen im Brutkleid leuchtend rot. Flugrufe nasal stotternd.
Kennzeichen: L 13 cm. Weibchen ohne Rot und mit streifiger Brust. Gesang abwechslungsreich aus Flugrufen, Trillern, Pfiffen und geräuschhaften Motiven.
Vorkommen: Brütet in offener Kulturlandschaft mit Hekken und Gehölzen, häufig in Friedhöfen, Parks und Gärten am Siedlungsrand. Teilzieher. Jan.–Dez.
Wissenswertes: Hänflinge sind sehr gesellig, sie nisten daher oft in lockeren Kolonien in Hecken oder Büschen von Parks und Gärten. Außerhalb der Brutzeit streifen sie in größeren Schwärmen umher; gelegentlich erscheinen sie auch an Futterstellen.

Birkenzeisig

Acanthis flammea

Typisch: Der schnelle, metallisch klingende Flugruf.
Kennzeichen: L 13 cm. Tiefroter Scheitelfleck; Weibchen ähnlich dem Männchen, aber Männchen im Brutkleid mit roter Brust. Gesang anhaltend rauh zwitschernd und trillernd, mit wohlklingenden Pfeiflauten und Flugrufen.
Vorkommen: Vorwiegend in Nadelwäldern der Alpen und Mittelgebirge; im Winter auch in Parks und Gärten. Teilzieher. Jan.–Dez.
Wissenswertes: Im Herbst und Winter sieht man Birkenzeisige häufig in Schwärmen auf Erlen und Birken, wo sie die Samen aus den Zäpfchen klauben. Obwohl sie nicht auf Futtergaben des Menschen angewiesen sind, erscheinen sie öfter bei Fütterungen.

Gimpel (Dompfaff)

Pyrrhula pyrrhula

Typisch: Die melancholisch weichen „djü"-Rufe. Männchen mit leuchtend rosenroter Unterseite.
Kennzeichen: L 14,5–16 cm. Gedrungen und plump wirkender Fink mit schwarzer Kopfkappe und schwarzem Kegelschnabel. Reinweißer Bürzel, meist beim Auffliegen gut zu sehen. Weibchen (Foto S. 49) mit bräunlichgrauer Unterseite. Jungvögel bräunlich gefärbt und ohne schwarze Kopfkappe. Gesang ein zartes, plauderndes Zwitschern und Pfeifen, das an Bauchredner erinnert.
Vorkommen: Waldvogel, der häufig in Parks, Friedhöfen und Obstgärten brütet; auch in Gärten mit Bäumen und viel Gebüsch. Teilzieher. Jan.–Dez.
Wissenswertes: Gimpel ernähren sich von Samen und

Knospen, die sie in Bäumen und an Kräutern finden, sie verzehren aber auch Beeren und Insekten. Bei Bauern und Gartenbesitzern machen sie sich manchmal ziemlich unbeliebt, denn sie können durch das Abfressen von Knospen gelegentlich Schäden anrichten, besonders in Obstbaugebieten. Gimpel sind begabte Stimmkünstler, die ohne weiteres ganze Melodien nachzupfeifen lernen. Da jedes Männchen den arteigenen Gesang von seinem Vater lernt, ist es möglich, einem handaufgezogenen Gimpel als „Vaterersatz" ein größeres Repertoire an Liedern beizubringen. Der ebenfalls gebräuchliche Name Dompfaff, regional auch in Domherr, Dompaap, Thumpfaff oder Pfäffchen abgewandelt, bezieht sich auf die schwarze Kopfkappe und vielleicht die untersetzte Figur, die auch manchen geistlichen Herrn auszeichnet. Am Futterhaus erscheinen Gimpel oft im Trupp und verhalten sich ausgesprochen friedfertig.

Mauersegler

Apus apus

Typisch: Jagt im Sommer mit schrillen Rufen truppweise um die Häuser. Flügel sehr lang und sichelförmig.
Kennzeichen: L 17 cm. Gefieder bis auf weißliche Färbung von Kehle und Kinn schwärzlichbraun.
Vorkommen: Kulturfolger, der seine ursprüngliche Felsheimat mit den Gebäuden unserer Städte und Dörfer eingetauscht hat; nistet oft unter Dächern. Jagt häufig in Parks, vor allem an Gewässern. Sommervogel. Mai–Sept.
Wissenswertes: Mauersegler sind so hervorragend an den Luftraum angepaßt, daß sie im Flug schlafen und sich dort sogar paaren; Beutetiere sind ausschließlich fliegende Insekten. Mit den kleinen, schwachen Füßen können sie kaum laufen.

Wendehals

Jynx torquilla

Typisch: Der monotone, klagend-quäkende Reviergesang „gjägjägjä". Gefieder baumrindenartig gemustert

Kennzeichen: L 17 cm. Erinnert mit seinem recht kurzen Schnabel an einen Singvogel. Nahrungssuche fast ausschließlich am Boden, erbeutet vor allem Ameisen.

Vorkommen: Brutvogel lichter Laubwälder und Obstgärten, auch in Parks, Friedhöfen und naturnahen Gärten mit altem Laubbaumbestand. Sommervogel. April–Sept.

Wissenswertes: Obwohl mit den Spechten nah verwandt, fehlt dem Wendehals der kräftige Meißelschnabel zum Zimmern von Baumhöhlen. Er ist trotzdem Höhlenbrüter und nimmt auch künstliche Nisthöhlen an. Bei Gefahr dreht und wendet er den vorgereckten Hals (Name!).

Buntspecht

Picoides major

Typisch: Fast überall weitaus der häufigste Specht.
Kennzeichen: L 23 cm. Auffällige weiße Schulterflecken. Männchen mit rotem Abzeichen am Hinterkopf; Scheitel bei Jungvögeln rot. Ruft scharf, metallisch „kick" oder „kix".
Vorkommen: Häufig in Parks, Friedhöfen und Gärten mit Baumbestand, vielfach mitten in Siedlungen, auch in Großstädten. Jahresvogel. Jan. – Dez.
Wissenswertes: Normalerweise trommelt der Buntspecht auf trockenen Ästen; gelegentlich wählt er jedoch Sirenen oder Blechdächer als Resonanzkörper. Der Trommelwirbel ist kurz, am Anfang betont und dauert 0,5 Sekunden. Im Winter erscheint der Buntspecht häufig an Futterplätzen.

Bachstelze

Motacilla alba

Typisch: Läuft auf dem Boden schnell trippelnd und mit ruckartigen Kopfbewegungen, wippt ständig mit dem langen Schwanz.
Kennzeichen: L 18 cm. Gefieder kontrastreich schwarz-weiß-grau gefärbt. Jungvögel ohne Schwarz. Ruft oft scharf „zipp".
Vorkommen: Kulturfolger, meist in offenem Gelände. Häufig in Parks, Friedhöfen und Gärten, vor allem in Wassernähe. Auch mitten in Großstädten. Teilzieher. März–Nov.
Wissenswertes: Die Bachstelze liest ihre Beutetiere – Insekten, Würmer und Schnecken – meist am Boden auf. Manchmal startet sie zu einem kurzen Jagdflug. Sie nistet häufig auf Dachbalken, in Mauerlöchern und Halbhöhlen-Nistkästen.

Seidenschwanz

Bombycilla garrulus

Typisch: Der rötlichbraune, aufrichtbare Federschopf; Gefieder seidenweich.
Kennzeichen: L 18 cm. Gedrungener, insgesamt rötlichbrauner Vogel mit roten und gelben Abzeichen und schwarzem Augenstreif. Ruft hoch und schwirrend „srii“.
Vorkommen: Brütet in der Taigazone Nordeuropas und Sibiriens. Im Winterhalbjahr gelegentlich in Parks und Gärten mit Beerensträuchern und misteltragenden Bäumen. Wintergast, Durchzügler. Nov. – März.
Wissenswertes: Seidenschwänze sind die einzigen europäischen Vögel, die das ganze Jahr über Beeren verzehren. Im Winter erscheinen sie fast alljährlich bei uns, wenn sie wegen Nahrungsmangels ihre Brutgebiete verlassen.

Nachtigall

Luscinia megarhynchos

Typisch: Der sehr abwechslungsreiche und überaus stimmungsvolle Gesang.

Kennzeichen: L 16,5 cm. Unauffällig braun gefärbt. Gesang sehr wohltönend aus trillernden, flötenden und anschwellenden Motiven und monotonen schmetternden Touren; singt auch nachts.

Vorkommen: Unterwuchsreiche Parks, Friedhöfe und verwilderte Gärten. Fehlt gebietsweise. Sommervogel. April–Sept.

Wissenswertes: Die Nachtigall, von unzähligen Dichtern wegen ihres Gesanges gepriesen, lebt versteckt in dichtem Unterwuchs und singt meist aus der Deckung heraus. Bei ihrer Suche nach Nahrung – Insekten, Würmer, Beeren – bewegt sie sich sehr elegant und stelzt häufig den Schwanz.

Amsel

Turdus merula

Typisch: Einer der häufigsten und bekanntesten Vögel in Dörfern und Städten.
Kennzeichen: L 25 cm. Männchen schwarz, Schnabel und Lidring leuchtend gelb. Weibchen dunkel graubraun gefärbt. Ruft häufig „tix tix" oder „duck duck". Gesang laut und volltönend, aus orgelnden und flötenden Motiven.
Vorkommen: Ehemals scheuer Waldvogel, heute überall in Gärten, Parks und Friedhöfen mitten in Großstädten. Jahresvogel. Jan.–Dez.
Wissenswertes: Viele Gartenbesitzer sehen die Amsel nicht so gerne, weil sie Blüten zerstört und mit dem Schnabel Löcher in den Rasen pickt. Sie brütet in Hekken und Büschen, aber auch auf Balkonen. Häufig kommt sie zum Futterplatz.

Singdrossel

Turdus philomelos

Typisch: Der abwechslungsreiche, melodische Gesang, bei dem die einzelnen Motive jeweils zwei- bis dreimal wiederholt werden.
Kennzeichen: L 23 cm. Unterseite weißlich, dicht gefleckt; große Augen. Gelbliche Unterflügeldecken nur im Flug sichtbar. Ruft hoch und scharf „zip".
Vorkommen: Weit verbreitet und meist häufig in Parks, Friedhöfen und Gärten mit älterem Baumbestand. Sommervogel. März–Nov.
Wissenswertes: Singdrosseln sind seltener als Amseln, brüten aber dennoch in vielen Gärten. Sie ernähren sich von Würmern und von Schnecken, deren Schalen sie auf geeigneten Steinen („Drosselschmiede") zertrümmern. Dort findet man oft leere Schneckenhäuser.

Rotdrossel

Turdus iliacus

Typisch: Die kleinste europäische Drossel. Ruft hoch und gedehnt „zjieh".
Kennzeichen: L 20 cm. Flanken und Unterflügeldecken rotbraun, auffälliger heller Überaugenstreif.
Vorkommen: Häufiger Brutvogel nordischer Wälder. Auf dem Zug bei uns in Parks, Friedhöfen und Gärten. Durchzügler; seltener Wintergast. Okt.–April.

Wissenswertes: Rotdrosseln ziehen häufig zusammen mit Wacholderdrosseln in gemischten Trupps; sie fallen durch ihre hohen Rufe, die geringere Größe und die schnelleren Flügelschläge auf. Bei der Suche nach Beeren stoßen die Vögel häufig auf Futterplätze in Gärten. Wegen ihrer Vorliebe für Weintrauben heißen sie auch „Weindrosseln".

Star

Sturnus vulgaris

Typisch: Dreieckiges Flugbild. Flattert beim Singen mit den Flügeln und spreizt das Kehlgefieder ab.
Kennzeichen: L 21,5 cm. Untersetzt und kurzschwänzig. Im Brutkleid (Foto) gelber Schnabel und grün-violett glänzendes Gefieder, im Ruhekleid (Herbst) dicht weiß getupft. Singt sehr abwechslungsreich schwätzend mit vielen Imitationen von anderen Vogelstimmen und Umweltgeräuschen.
Vorkommen: Häufig in Parks, Friedhöfen und Gärten, auch mitten in Großstädten. Teilzieher. Feb.–Nov.
Wissenswertes: Stare fallen bei der Nahrungssuche durch ihren wackelnden Gang auf, während Amseln auf dem Boden hüpfen. Stare brüten vielfach in großer Zahl in Staren-Nistkästen.

Kernbeißer

Coccothraustes coccothraustes

Typisch: Größter heimischer Fink, mächtiger Schnabel. Ruft durchdringend „zicks".
Kennzeichen: L 18 cm. Großköpfig, gedrungen und kurzschwänzig. Schnabel im Winter (Foto) hornfarben, im Sommer stahlblau.
Vorkommen: Weit verbreitet und meist nicht selten in Parkanlagen, Friedhöfen und in auch großen Gärten mit altem Laubbaumbestand. Jahresvogel. Jan.–Dez.
Wissenswertes: Der Kernbeißer vermag mit seinem klobigen Schnabel die harten Samen der Hainbuche oder Steinobstkerne zu knacken, er verzehrt aber auch Knospen und Insekten. Der scheue Vogel erscheint auch an Futterhäusern, besonders an Hochhäusern, da er sich vorwiegend in Baumkronen aufhält.

Goldammer

Emberiza citrinella

Typisch: Der melancholische Gesang, häufig von einer Stromleitung oder Strauchspitze vorgetragen. Singt auch in der Mittagshitze.
Kennzeichen: L 16,5 cm. Bürzel zimtfarben. Männchen (Foto) an Kopf und Unterseite auffällig gelb, Weibchen dort streifig und weniger gelb. Ruft beim Abflug „zrick" oder „tsr".
Vorkommen: Häufig in offener Kulturlandschaft, in Parks, Friedhöfen und Gärten am Stadtrand. Teilzieher. Jan.–Dez.
Wissenswertes: Der Gesang der Goldammer wird im Volksmund häufig mit „wie wie wie hab' ich Dich lieb" umschrieben. Goldammern verzehren Insekten und Spinnen, im Winter vor allem Samen. Sie kommen oft an Bodenfutterstellen.

Sperber

Accipiter nisus

Typisch: Im Flugbild runde Flügel und langer Schwanz.
Kennzeichen: L 28–38 cm. Männchen wie Foto, Weibchen mit bräunlichgrauer Oberseite, fast doppelt so schwer wie Männchen. Im Flug wechseln Serien schneller Flügelschläge ab mit Gleitphasen. Sitzt aufrecht mit eingezogenem Kopf.
Vorkommen: Weit verbreiteter Waldvogel, der häufig in Parks, Friedhöfen und Gärten jagt, oft auch mitten in der Großstadt. Teilzieher. Jan.–Dez.
Wissenswertes: Der Sperber ist ein rasanter Flieger und Überraschungsjäger, der in wendigem Verfolgungsflug Kleinvögel überwältigt. Im Winter wird er häufig durch Vogelfütterungen angezogen und holt sich dort vor allem Sperlinge und Amseln.

Turmfalke

Falco tinnunculus

Typisch: Rüttelt ausdauernd, um sich dann auf ein Beutetier zu stürzen.
Kennzeichen: L 33–36 cm. Männchen (Foto); Weibchen und Jungvögel einheitlich rostbraun mit dunkler Fleckung. Ruft zur Brutzeit häufig „kikikiki".
Vorkommen: Offene Kulturlandschaft, häufig in Parkanlagen, in Dörfern und Städten. Brütet auf Kirchtürmen und anderen hohen Gebäuden, in Steinbrüchen und in alten Krähennestern. Jahresvogel. Jan.–Dez.
Wissenswertes: Der Turmfalke ist bei uns der häufigste kleine Taggreifvogel. Regelmäßig kann man ihn an Straßen beobachten, wo er auf Mäuse lauert. Er fängt gelegentlich auch geschwächte und junge Vögel sowie Reptilien und große Insekten.

Fasan

Phasianus colchicus

Typisch: Sehr langer, spitzer Schwanz. Männchen sehr bunt. Ruft laut „gögöck".
Kennzeichen: Männchen L 66–89 cm, Weibchen deutlich kleiner, Färbung gelblichbraun und schwärzlich gemustert.
Vorkommen: Abwechslungsreiche Kulturlandschaft mit Hecken und Rainen, Ränder von lichten Wäldern; auch in weitläufigen, reichgegliederten Parks an Stadt- und Dorfrändern. Jahresvogel. Jan.–Dez.
Wissenswertes: Ursprüngliche Heimat des Fasans ist das südliche Asien, von wo aus er seit dem Altertum in mehreren Ländern Europas als Jagdwild ausgesetzt wurde. Störenfriede läßt dieser Bodenbrüter oft nahe herankommen, bevor er laut rufend und polternd auffliegt.

Straßentaube

Columba livia

Typisch: Weitaus häufigste Taube im Siedlungsbereich.
Kennzeichen: L 33 cm. Gefiederfärbung sehr variabel, Hinterrücken aber meist weiß oder hellgrau.
Vorkommen: Brütet oft kolonieweise an Gebäuden und unter Brücken. Jahresvogel. Jan.–Dez.
Wissenswertes: Die Haustaube, von der es rund 140 verschiedene Rassen gibt, ist die Stammform der Straßentaube. Durch die Fütterung und das Fehlen natürlicher Feinde haben sich die Stadttauben vielerorts so stark vermehrt, daß sie mit ihrem Kot große Schäden an alten Gebäuden anrichten; außerdem verbreiten sie Ungeziefer wie Milben und Zecken und gefährliche Krankheiten. Daher besteht in vielen Städten Fütterungsverbot.

Ringeltaube

Columba palumbus

Typisch: Größte Taube Europas. Lautes Flügelklatschen beim Abflug.
Kennzeichen: L 41 cm. Langschwänziger als Straßentaube, auffallend weiße Abzeichen an Hals und Flügeln; Brust weinrötlich. Reviergesang dumpf gurrend „gu-guh-gu-guru".
Vorkommen: Scheuer Waldvogel, der in vielen Städten Norddeutschlands in Parkanlagen eingewandert ist. Teilzieher, Jan.–Dez.
Wissenswertes: Außerhalb der Brutzeit suchen Ringeltauben oft in großen Schwärmen auf Feldern nach Samen von Gräsern und krautigen Pflanzen. Seit einiger Zeit kann man sie auch in Parks mitten in norddeutschen Großstädten beobachten, wie sie sich mit anderen Tauben um altes Brot streiten.

Türkentaube

Streptopelia decaocto

Typisch: Nach der Straßentaube zweithäufigste Taube in Siedlungen. Fallschirmartiger Gleitflug während der Balz.
Kennzeichen: L 28 cm. Schlank und langschwänzig, mit schwarzem Nackenband. Reviergesang ein monotones dreisilbiges „gu guh gu", das ständig wiederholt wird. Ruft im Flug und besonders vor dem Landen häufig „chwäh chwäh" („Girren").
Vorkommen: Häufiger Kulturfolger in Städten und Dörfern, auch in vielen Parks, Friedhöfen und Gärten. Jahresvogel. Jan.–Dez.
Wissenswertes: Ursprünglich war die Türkentaube Brutvogel in Halbwüsten und offenem Kulturland; sie wanderte von Südosten her bei uns ein. Im Winter erscheint sie häufig an Fütterungen.

Waldkauz

Strix aluco

Typisch: Meist häufigste Eule. Der unheimlich klingende, tremolierende Reviergesang des Männchens.
Kennzeichen: L 38 cm. Großer, runder Kopf, große, dunkle Augen, keine Federohren. Kommt in grauer und rostbrauner Farbvariante vor. Sonnt sich oft am Eingang einer Baumhöhle.
Vorkommen: Brütet häufig in Parks oder Friedhöfen mit altem Laubbaumbestand, auch mitten in Großstädten. Jahresvogel. Jan. – Dez.
Wissenswertes: Waldkäuze jagen nur nachts und erbeuten dabei vor allem Kleinsäuger. Zur Brutzeit sind sie oft sehr aggressiv und greifen auch Menschen an, die den Jungen zu nahe kommen. Tagsüber werden sie häufig von Kleinvögeln „beschimpft“.

Waldohreule

Asio otus

Typisch: Lange Federohren und orangegelbe Augen.
Kennzeichen: L 35 cm. Schlank und langflügelig. Gefieder baumrindenartig gemustert. Verbringt den Tag meist in aufrechter Haltung und mit angelegtem Gefieder an einen Stamm geschmiegt. Jagt in der Dämmerung und nachts.
Vorkommen: In Parks und Friedhöfen, jedoch seltener als Waldkauz. Im Winter häufig Schlafgemeinschaften, auch in Gärten mit Fichten. Jahresvogel. Jan.–Dez.
WIssenswertes: Die Federohren haben nichts mit dem Gehör der Eule zu tun. Die Ohröffnungen liegen unter dem Federkleid verborgen an den Kopfseiten. Waldohreulen ernähren sich vorwiegend von Feldmäusen, fangen aber auch Vögel.

Grünspecht

Picus viridis

Typisch: Im Frühjahr laut lachender, weit hörbarer Reviergesang „klü klü klü".
Kennzeichen: L 30 cm. Großer, oberseits grüner Specht mit leuchtend roter Kopfplatte. Bartstreif beim Männchen (Foto) rot, beim Weibchen schwarz.
Vorkommen: Laubwaldvogel, auch in Parks, Friedhöfen und Gärten mit altem, parkartigem Laubbaumbestand. Jahresvogel. Jan.–Dez.
Wissenswertes: Grünspechte ernähren sich vor allem von Ameisen und deren Puppen, die sie aus den Bauen graben und mit ihrer klebrigen Zunge auflesen. Im Winter gräbt sich der Specht sogar durch hohen Schnee zu den Ameisenhaufen durch und hinterläßt dabei bis zu 10 cm tiefe Löcher. Futterstellen besucht er jedoch kaum.

Grauspecht

Picus canus

Typisch: Laute abfallende Gesangsstrophe im Frühjahr „gü gü gü gü gü…".
Kennzeichen: L 27 cm. Sehr ähnlich Grünspecht, aber kleiner und insgesamt mehr grau mit nur kleinem roten Stirnfleck (Männchen, Foto) oder ohne Rot am Kopf (Weibchen). Trommelt viel häufiger als Grünspecht.
Vorkommen: Brütet in großen Parks, Friedhöfen oder Streuobstgebieten. Jahresvogel. Jan.–Dez.
Wissenswertes: Da der Grauspecht wie der Grünspecht seine Nahrung vor allem am Boden sucht, werden beide Arten auch als Erdspechte bezeichnet. Der Grauspecht ist jedoch nicht so ausschließlich auf Ameisen als Nahrung spezialisiert wie die Zwillingsart und kommt im Winter auch an Futterhäuschen.

Wacholderdrossel

Turdus pilaris

Typisch: Das rauhe, laute Schackern und die auffällige, kontrastreiche Färbung.
Kennzeichen: L 25,5 cm. Buntes Gefieder. Gesang schwätzend und rauh zwitschernd, häufig im Flug vorgetragen.
Vorkommen: Brutvogel in Parks, Friedhöfen und Gärten mit Baumbestand. Teilzieher. Jan.–Dez.
Wissenswertes: Früher war die Wacholderdrossel bei uns nur Durchzügler und Wintergast. Erst im 18. Jahrhundert hat sie sich in Mitteleuropa ausgebreitet und ist inzwischen zu einem häufigen Park- und Gartenvogel geworden. Sie ernährt sich im Winter vorwiegend von Beeren und Früchten; wenn diese rar werden, besucht sie gerne Fütterungen, wenn sie dort Rosinen findet. Sie heißt auch „Krammets-Vogel".

Misteldrossel

Turdus viscivorus

Typisch: Größte Drossel Europas. Schnarrender Ruf.
Kennzeichen: L 27 cm. Gefiederfärbung ähnlich Singdrossel, jedoch Unterseite gröber gefleckt, Unterflügeldecken weiß. Gesang ähnlich dem der Amsel, aber melancholischer und weniger abwechslungsreich.
Vorkommen: Laub- und Nadelwald, auch in Parkanlagen und naturnahen Gärten mit altem Baumbestand. Teilzieher. Meist Feb.–Nov.
Wissenswertes: Die Misteldrossel verdankt ihren Namen den Beeren der Mistel, ihrer Hauptnahrung im Herbst und Winter. Sie trägt zur Verbreitung dieser Halbschmarotzer bei, denn die Kerne keimen erst, wenn sie ihren Darm passiert haben und mit dem Kot auf einen Ast gelangen.

Eichelhäher

Garrulus glandarius

Typisch: Das blau-schwarz gebänderte Flügelfeld.
Kennzeichen: L 34 cm. Überwiegend rötlichbraun gefärbt mit schwarz-weißem Flügelabzeichen, weißem Bürzel und schwarzem Schwanz. Ruft bei Erregung laut rätschend „rräh" und bussardartig „hiäh".
Vorkommen: Häufig in Parks, Friedhöfen und größeren Gärten mit Baumbestand. Jahresvogel. Jan.–Dez.
Wissenswertes: Eichelhäher verzehren Baumfrüchte wie Eicheln, Bucheckern und Haselnüsse und verstecken einen Teil davon als Wintervorrat. Da sie einige Vorratslager nicht mehr finden, tragen sie indirekt zur Verjüngung der Wälder und zur Ausbreitung ihrer Lieblingsbäume bei. Im Winter besuchen sie regelmäßig Fütterungen.

Elster

Pica pica

Typisch: Der lange gestufte Schwanz und das glänzend schwarz-weiße Gefieder.
Kennzeichen: L 46 cm. Fliegt mit unregelmäßigen Flügelschlägen, läuft am Boden in wackelndem Gang. Ruft laut schackernd.
Vorkommen: Offene Kulturlandschaft mit Hecken und Feldgehölzen; häufig in Parks und großen Gärten, auch mitten in Dörfern und Städten. Jahresvogel. Jan.–Dez.
Wissenswertes: Elstern sind Allesfresser, die Insekten, Würmer, Schnecken und kleine Wirbeltiere erbeuten, Samen und Früchte aufnehmen oder sich an Müllkippen Freßbares holen. Im Frühjahr erbeuten sie viele Jungvögel, doch dieser „Aderlaß" wird durch die hohe Jungenproduktion bei den Kleinvögeln ausgeglichen.

Dohle

Corvus monedula

Typisch: Die kurzen hellen „kjack"- oder „kja"-Rufe.
Kennzeichen: L 33 cm. Bis auf grauen Nacken und Hinterkopf schwarz; Augen hell. Sehr gesellig, Koloniebrüter. Schließen sich im Winter oft Saatkrähen an.
Vorkommen: Brütet in Laubwäldern mit Schwarzspechthöhlen; häufig in Parks mit alten Bäumen; Teilzieher, Wintergast. Jan. – Dez.

Wissenswertes: Dohlen sind Kulturfolger, die in vielen Kirchtürmen, Burgen und Ruinen brüten, auch mitten in der Großstadt. Ihre Nahrung, die sehr vielseitig ist, suchen sie truppweise in offenem Gelände. Der Verhaltensforscher Konrad Lorenz hat an den in Einehe lebenden Dohlen wichtige Erkenntnisse über das Sozialverhalten von Vögeln gewonnen.

Saatkrähe

Corvus frugilegus

Typisch: Die unbefiederte, weißliche Schnabelwurzel. Im Winter in großen Scharen. Tiefe, rauhe Rufe.
Kennzeichen: L 46 cm. Am Boden durch locker abgespreiztes Bauch- und Schenkelgefieder und das eckige Kopfprofil aus größerer Entfernung erkennbar.
Vorkommen: Seltener Brutvogel in Parks, auch mitten in Ortschaften. Im Winter häufig in Parks und Gärten, auch in Anlagen an vielbefahrenen Straßen. Teilzieher, Wintergast. Meist Okt.–März.
Wissenswertes: Die großen Schwärme, die jeden Winter bei uns erscheinen, sind Brutvögel aus nördlichen und östlichen Gebieten. Sie übernachten an traditionellen Schlafplätzen; morgens fliegen sie zur Nahrungssuche auf Felder oder in die Stadt.

Rabenkrähe (Aaskrähe)

Corvus corone

Typisch: Ruft laut „kräh" oder „wärr". Verhalten scheu und mißtrauisch.
Kennzeichen: L 47 cm. Völlig schwarzer Vogel. In der Regel paarweise, im Winter auch in Trupps, aber nie in so großen Schwärmen wie die Saatkrähe auftretend.
Vorkommen: Brütet häufig in Parks, Friedhöfen und Gärten mit hohen Bäumen. Jahresvogel. Jan.–Dez.

Wissenswertes: Die Aaskrähe kommt in Mitteleuropa in zwei Unterarten vor: Die Rabenkrähe *(Corvus corone corone,* Foto*)* besiedelt den westlichen Teil; östlich der Elbe, in Teilen Österreichs und der Schweiz lebt die Nebelkrähe *(Corvus corone cornix)*, bei der Rücken und Unterseite hellgrau gefärbt sind. An den Verbreitungsgrenzen gibt es Mischlinge.

Lachmöwe

Larus ridibundus

Typisch: Im Winter weißer Kopf mit dunklem Ohrfleck. Ruft ständig „kwerr".
Kennzeichen: L 38 cm. Kleine weiße Möwe, im Sommer mit schwarzer Kopfmaske. Beine und Schnabel rot.
Vorkommen: Häufigste Binnenlandmöwe. Im Winter oft große Scharen an Parkgewässern oder Brücken mitten in der Stadt. Häufig auch an Kläranlagen oder Müllkippen. Teilzieher. Jan.–Dez.
Wissenswertes: Schwärme von Lachmöwen gehören zum typischen Bild der Großstadtgewässer. Mit lautem Gekreisch belagern sie dort die Futterstellen für Wasservögel oder Tauben. Der deutsche Name hat weniger mit „lachen" zu tun, sondern bezieht sich auf kleine Flachgewässer, die sogenannten Lachen, an denen sie leben.

Teichhuhn

Gallinula chloropus

Typisch: Nickt beim Laufen und Schwimmen ständig mit dem Kopf und zuckt mit dem Schwanz.
Kennzeichen: L 33 cm. Kleine braunschwarze Ralle, leuchtendroter Schnabel mit gelber Spitze; auffällige weiße Unterschwanzdecken. Beine und lange Zehen grün.
Vorkommen: Häufig an stehenden und langsam fließenden Gewässern mit deckungsreichem Ufer; vielerorts auch mitten in Ortschaften. Teilzieher. Jan.–Dez.
Wissenswertes: Teichhühner sind wie Bläßhühner Rallen, die zum Wasserleben übergegangen sind. In manchen Parks sind sie so zutraulich, daß sie sich mit Brot füttern lassen. Sonst verzehren sie Samen, Triebe und Früchte der Wasserpflanzen und Insekten.

Bläßhuhn

Fulica atra

Typisch: Schwarzer, rundlicher Wasservogel mit weißer Stirnplatte und weißem Schnabel.
Kennzeichen: L 38 cm. Läuft beim Start von der Wasseroberfläche erst ein Stück flügelschlagend und wasserspritzend. Ruft häufig „pix" oder „köw".
Vorkommen: Brütet vielfach auf Parkteichen, sogar mitten in der Großstadt; im Winter häufig zusammen mit Enten. Teilzieher. Jan.–Dez.
Wissenswertes: Bläßhühner ernähren sich von pflanzlichen Stoffen und Kleintieren; auf Parkteichen lassen sich die oftmals zutraulichen Wasservögel gerne mit Brot füttern. Zur Brutzeit sind sie sehr territorial und schwimmen häufig in Drohhaltung – mit aufgestellten Flügeln – auf Rivalen zu.

Brautente

Aix sponsa

Typisch: Das farbenprächtige Gefieder des Männchens mit grün schillerndem Kopf.
Kennzeichen: L 48 cm. Männchen wie Foto, Weibchen unauffällig graubräunlich gemustert, mit schwarzem Schnabelnagel und breitem, weißen Band an der Schnabelbasis.
Vorkommen: Bei uns gebietsweise als Ziergeflügel an Parkgewässern eingebürgert. Jahresvogel. Jan.–Dez.
Wissenswertes: In ihrer nordamerikanischen Heimat lebt die Brautente an kleinen Seen inmitten größerer Wälder. Sie ist wie die Mandarinente Höhlenbrüter; die Jungen schlüpfen in einer bis 15 m hoch gelegenen Baumhöhle. Wenn die Mutter sie lockt, springen die nur wenige Tage alten Küken aus der Höhle auf den Boden.

Mandarinente

Aix galericulata

Typisch: Das auffällig bunte Gefieder des Männchens; orangefarbenes „Segel" auf dem Flügel.
Kennzeichen: L 43 cm. Weibchen unscheinbar graubraun gemustert, etwas heller als Brautenten-Weibchen und mit hellem Schnabelnagel. Ruft im Flug pfeifend „wrick".
Vorkommen: Ursprüngliche Heimat Ostasien; bei uns als Ziergeflügel auf vielen Parkgewässern eingebürgert. Jahresvogel. Jan. – Dez.
Wissenswertes: Der Name Mandarinente leitet sich von den chinesischen Würdenträgern ab, deren prächtige Kleidung man mit dem Gefieder dieser Entenart verglich. Die Ente stand in China wegen ihrer Partnertreue über den Tod hinaus in hohem Ansehen und war ein beliebtes Hochzeitsgeschenk.

Stockente

Anas platyrhynchos

Typisch: Häufigste und weitaus bekannteste Ente unserer Gewässer. Größte Schwimmente. Beine orange.
Kennzeichen: L 58 cm. Männchen im Brutkleid mit glänzendgrünem Kopf, weißem Halsring und braungrau gemustertem Rücken. Spitzen der mittleren Schwanzfedern aufgerollt (Erpellocken), Schnabel gelb. Weibchen (Foto S. 85) unscheinbar, braun gemustert, Schnabelfirst stets dunkel; dunkelblauer, schwarz und weiß gesäumter Flügelspiegel.
Vorkommen: Alle Arten von stehenden oder langsam fließenden Gewässern, die Deckung bieten. Häufigste Ente auf Parkgewässern, auch mitten in Großstädten und sogar auf größeren Gartenteichen. Teilzieher. Jan.–Dez.

Wissenswertes: Stockenten gehören zu den typischen Schwimm- oder Gründelenten, die relativ hoch im Wasser liegen und bei der Nahrungssuche nur mit Kopf und Vorderkörper ins Wasser eintauchen („Schwänzchen in die Höh'"); im Gegensatz zu Sägern oder Tauchenten tauchen sie nur ausnahmsweise, sie können aber ohne Anlauf und fast senkrecht von der Wasseroberfläche starten. Viele Schwimmenten-Arten besitzen auffällige Flügelspiegel. Die Stockente ernährt sich von Wasser- und Sumpfpflanzen, daneben auch von Würmern, Schnecken, Kleinkrebsen und Insekten. Das typische Quaken ist nur vom Weibchen zu hören – ein in der Tonhöhe leicht absinkendes „waak-wak-wak-wak-wak". Bei der Gemeinschaftsbalz im Herbst stoßen die Männchen einen merkwürdigen kurzen Laut aus, den „Grunzpfiff"; während dieser Lautäußerung richten sie sich ruckartig auf und reißen mit ihrem Schnabel eine Wasserfontäne hoch.

Tafelente

Aythya ferina

Typisch: Kopfprofil dreieckig mit flacher Stirn. Meist scheuer und weniger zahlreich als Reiherente.

Kennzeichen: L 46 cm. Männchen kontrastreich gefärbt mit rostrotem Kopf, schwarzer Brust und schwarzem „Heck"; Rücken und Flanken sind silbergrau. Weibchen (Foto S. 87) unscheinbar bräunlich, mit schwärzlichem Schnabel; unterscheidet sich vom Reiherenten-Weibchen durch den fehlenden Schopf am Hinterkopf, die dunklen Augen und das typische Kopfprofil. Das Männchen ruft während der Balz gedämpft „uiwijer", das Weibchen hölzern schnarrend „chärr chärr". Im Flug pfeifendes Schwingengeräusch.

Vorkommen: Brütet an nährstoffreichen Flachseen mit üp-

pig bewachsenen, gerne schilfigen Ufern und großer freier Wasserfläche. Außerhalb der Brutzeit auf allen Arten von Gewässern, sehr häufig auf Stauseen. Im Winter und gelegentlich zur Brutzeit recht häufig auf größeren Parkgewässern. Teilzieher. Jan.–Dez.

Wissenswertes: Tauchenten wie die Tafelente liegen recht tief im Wasser und haben die Beine weit hinten am Körper eingelenkt. Daher können sie an Land nicht gut gehen und nicht einfach wie Schwimmenten fast senkrecht vom Wasser auffliegen, sondern müssen erst durch einen längeren Anlauf gegen den Wind die nötige Startgeschwindigkeit erreichen; dazu platschen sie mit den Schwimmfüßen über die Wasseroberfläche. Statt ihre Nahrung – Wasserpflanzen, Schnecken, Würmer und Insektenlarven – durch Tauchen zu sammeln, lassen sich viele Tafelenten im Winter lieber auf Parkgewässern mit Brot und Entenfutter mästen.

Reiherente

Aythya fuligula

Typisch: Gelbe Augen. Männchen schwarz-weiß mit langem Schopf am Hinterkopf.
Kennzeichen: L 43 cm. Weibchen braun mit nur angedeutetem Schopf, häufig weißliche Schnabelwurzel. Männchen während der Balz kehlig „gü-gü-gü", Weibchen knarrend „kräck-kräck".
Vorkommen: Brütet gelegentlich auch an Parkteichen in Städten. Im Winter oft zahlreich auf Parkgewässern. Teilzieher. Jan.–Dez.
Wissenswertes: Die Reiherente, die ähnliche Lebensraumansprüche wie die Tafelente hat, unterscheidet sich jedoch in der Nahrungswahl deutlich: Sie nimmt viel mehr Tierisches zu sich und erbeutet vor allem Muscheln, Schnecken, Krebstiere und Insektenlarven. Nur manchmal verzehrt sie Wasserpflanzen.

Kolbenente

Netta rufina

Typisch: Große Tauchente, die an Schwimmenten erinnert. Männchen mit großem, fuchsroten Kopf.
Kennzeichen: L 56 cm. Breite weiße Flügelbinde im Flug auffallend. Weibchen graubraun mit dunklem Oberkopf und hellgrauen Wangen; Schnabel dunkel, mit rötlicher Spitze.
Vorkommen: Seltener Brutvogel auf Seen mit schilfigen Ufern, auf einigen Parkseen halbzahme Bestände, gelegentlich auch brütend. Sommervogel, Durchzügler. März–Nov.
Wissenswertes: Die Kolbenente gehört zwar zu den Tauchenten, liegt aber wie eine Schwimmente relativ hoch im Wasser und braucht zum Starten vom Wasser aus nur eine vergleichsweise kurze Anlaufstrecke.

Kanadagans

Branta canadensis

Typisch: Größte Gans; Kopf und Hals schwarz, auffallender weißer Wangenfleck.
Kennzeichen: L 90–100 cm. Wirkt durch den langen Hals schwanenartig. Klangvolle, trompetende, weittragende Rufe, klingen wie „a-honk".
Vorkommen: Brütet gebietsweise an Parkgewässern, vor allem in Großstädten. Jahresvogel. Jan.–Dez.
Wissenswertes: Die aus Nordamerika stammende Kanadagans wurde bereits im 17. Jahrhundert bei uns eingebürgert. Sie sucht ihre Nahrung – Gräser, Kräuter und Samen – hauptsächlich an Land, gründelt aber auch nach Wasserpflanzen. Die seit über 50 Jahren in Schweden eingebürgerten Populationen sind reine Zugvögel, die im Winter an die Nordseeküste ziehen.

Graugans

Anser anser

Typisch: Große, hellgraue Gans. Im Flug auffallend helle Vorderflügel.
Kennzeichen: L 76–89 cm. Dunkle Federn des Rückens hell gesäumt. Füße fleischfarben, Schnabel orange (westliche Rasse) oder rosa (östliche Rasse). Rufe sehr ähnlich wie die der Hausgans, nasal „ahng-ahng".
Vorkommen: Inzwischen häufiger Brutvogel von Parkgewässern, besonders in Süddeutschland. Jahresvogel. Jan.–Dez.
Wissenswertes: Ursprünglich lebten nur im östlichen Mitteleuropa wilde Graugänse. Die heutigen Vorkommen im westlichen und südlichen Deutschland gehen auf Ansiedlungen von halbzahmen Vögeln zurück. Die Graugans ist die Stammform fast aller Hausgansrassen.

Streifengans

Anser indicus

Typisch: Eine helle Gans mit charakteristischem Streifenmuster am Kopf.
Kennzeichen: L 75 cm. Im Flug kontrastreich abgesetzte, dunkle Schwungfedern auffallend. Ruft weniger klangvoll als andere Gänse.
Vorkommen: Gebietsweise Einzelvögel oder freifliegende Bestände auf Gewässern und Anlagen in Parks; Jahresvogel. Jan.–Dez.

Wissenswertes: Die Streifengans brütet in den Hochebenen Zentralasiens. Auf ihrem Zug in die indischen Winterquartiere muß sie den Himalaya überfliegen. Dabei hält sie mit über 9000 m Flughöhe den Rekord in der Vogelwelt. Häufig schließen sich die „Fremdlinge" in unseren Parks den Graugänsen an; dabei kommt es sogar zu Mischehen.

Höckerschwan

Cygnus olor

Typisch: Sehr großer, weißer Wasservogel mit auffallend langem Hals.
Kennzeichen: L 152 cm. Schwarzer Schnabelhöcker, beim Männchen stärker entwickelt. Schwimmt mit leicht S-förmig gebogenem Hals. Bis auf zischende und fauchende Abwehrlaute stumm; im Flug jedoch deutliches Schwingenpfeifen.
Vorkommen: Überall in großer Zahl auf Parkgewässern mitten in der Stadt. Teilzieher. Jan.–Dez.
Wissenswertes: Besonders im Winter fallen die oft großen Mengen halbzahmer Schwäne auf, die sich auf den Parkteichen von den Besuchern füttern lassen. Das pfeifende Schwingengeräusch soll Richard Wagner einst inspiriert haben, als er den Walkürenritt schuf.

Register

Mit 103 Farbfotos von Brandl (51, 76, 85), Danegger (8, 25, 29, 56, 73, 75, 82, 91), Diedrich (28, 36, 38, 53, 62, 66, 72, 93), Fürst (45, 47), Fürst/Stahl (2/3, 13, 59), Groß (52, 63), Klees (18, 39, 77, 83, v. Kl. 3), Limbrunner (6, 7, 12, 17, 31, 33, 35, 50, 54, 58, 64, 65, 70, 79, 80), Pott (89), Rohdich (1/7) Schrempp (v. Kl. 4, 5, 6; 1/2, 1/4, 1/6, 1/8), Schulze (21, 26, 37, 41, 74, 86), Schwammberger (v. Kl. 1, 2), Singer (1/3), Vogt (32), Weber (71, 87, 92), Wendl (14, 44, 78, 88), Willner (20), Wothe (1/1, 9, 22, 23, 30, 68, 69, 90), Zeininger (1/5, 10, 11, 15, 16, 19, 24, 27, 34, 40, 42, 43,46, 48, 49, 55, 57, 60, 61, 67, 81, 84)
Mit 17 Farbzeichnungen von S. Walentowitz, 5 Schwarz-Weiß-Zeichnungen von B. Burkart und 1 Schwarz-Weiß-Zeichnung von H.-C. Rost

Umschlag von Friedhelm Steinen-Broo, eStudio Calamar, Pau (Spanien), unter Verwendung von drei Farbfotos von Friedhelm Adam.
Umschlagvorderseite: Buchfink, *Fringilla coelebs*
Umschlagrückseite: Kernbeißer, *Coccothraustes coccothraustes*, Gimpel, *Pyrrhula pyrrhula*

Die Deutsche Bibliothek – CIP-Einheitsaufnahme
Ein Titelsatz für diese Publikation ist bei der Deutschen Bibliothek erhältlich

Gedruckt auf chlorfrei gebleichtem Papier

2. Auflage

ISBN 3-440-09180-5
Redaktion: Rainer Gerstle, Iris Kunz
Gestaltungskonzept: Atelier Reichert
Satz: Kittelberger, Reutlingen
Reproduktion: Repro GmbH, Fellbach
Produktion: Lilo Pabel
Druck und Bindung: Printer Trento s.r.l., Trento
Printed in Italy / Imprimé en Italie

Sinnvolle Futtergeräte für den Winter

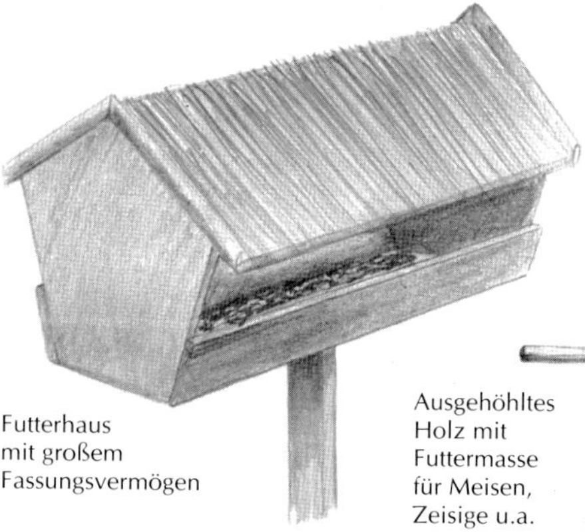

Futterhaus
mit großem
Fassungsvermögen

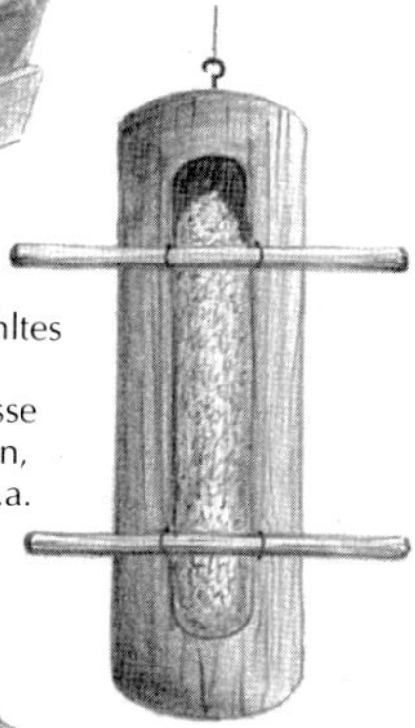

Ausgehöhltes
Holz mit
Futtermasse
für Meisen,
Zeisige u.a.

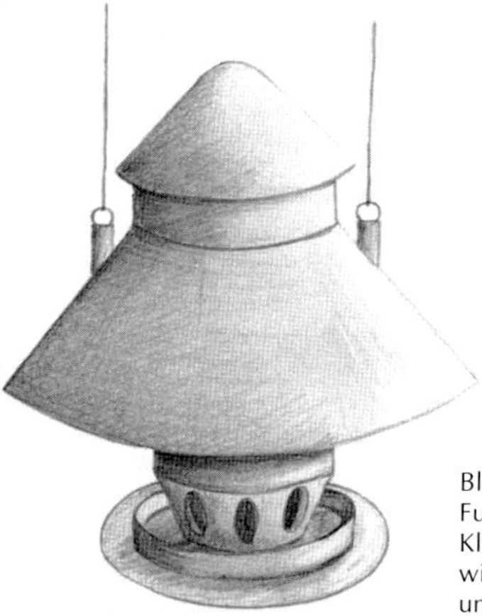

Futterautomat
aus Kunststoff

Blumentopf als
Futterglocke für
Kletterkünstler
wie Meisen
und Zeisige

Schutzdach zur
Bodenfütterung von
Goldammern,
Feldsperlingen,
Buchfinken u.a.